遗憾

666件可写遗憾的事

孔德男 —— 编著

与过去的自己和解，在遗憾中领悟人生收获成长
你可以回头看，但不能回头走

中华工商联合出版社

图书在版编目（CIP）数据

666件可写遗憾的事/孔德男编著. -- 北京：中华工商联合出版社，2025.5. -- ISBN 978-7-5158-4269-1

Ⅰ. B821-49

中国国家版本馆CIP数据核字第2025FC2301号

666件可写遗憾的事

作　　者：	孔德男
出 品 人：	刘　刚
责任编辑：	吴建新
装帧设计：	臻　晨
责任审读：	付德华
责任印制：	陈德松
出版发行：	中华工商联合出版社有限责任公司
印　　刷：	山东博雅彩印有限公司
版　　次：	2025年5月第1版
印　　次：	2025年5月第1次印刷
开　　本：	880mm×1230mm　1/32
字　　数：	116千字
印　　张：	7
书　　号：	ISBN 978-7-5158-4269-1
定　　价：	59.80元

服务热线：010-58301130-0（前台）
销售热线：010-58302977（网店部）
　　　　　010-58302166（门店部）
　　　　　010-58302837（馆配部、新媒体部）
　　　　　010-58302813（团购部）
地址邮编：北京市西城区西环广场A座
　　　　　19-20层，100044
http://www.chgslcbs.cn
投稿热线：010-58302907（总编室）
投稿邮箱：1621239583@qq.com

工商联版图书

版权所有　盗版必究

凡本社图书出现印装质量问题，请与印务部联系。

联系电话：010-58302915

内容简介

在人生这趟无法回头的旅途中，遗憾如影随形。

《666件可写遗憾的事》是一本装满故事与情感的书，它精心收集了666个不同人生阶段、不同情感领域的遗憾瞬间。

从学生时代错过的校园表白、没考上的理想大学，到爱情里因误会错过的恋人、没说出口的道歉；从职场上错失的晋升机会、放弃的创业梦想，到家庭中没陪伴父母的时光、没来得及和解的矛盾……每一件遗憾之事都似曾相识，让你在阅读中找到自己的影子，回忆起那些藏在心底的过往。这本书不仅是对遗憾的记录，更是一次深度的自我探寻。它引导你剖析遗憾背后的原因，探索如何与过去的自己和解，在遗憾中领悟人生，收获成长。无论你正被遗憾困扰，还是想在他人的故事中汲取力量，这本书都将成为你心灵的避风港与成长的指南针。

- 海量故事，全面覆盖：666件遗憾之事，涵盖爱情、友情、亲情、梦想、事业、生活等人生各个方面，全方位展现人生百态，每个人都能在书中找到共鸣，回忆起属于自己的遗憾瞬间。

- 深度剖析，引发思考：不仅仅罗列遗憾，更深入分析每件事背后的情感与原因，引导读者反思自己的人生选择，激发内心的思考，在遗憾中挖掘成长的力量。

- 创作启发，灵感源泉：对于写作爱好者而言，书中丰富多样的遗憾素材，是绝佳的创作灵感宝库，为小说、散文、诗歌等创作提供丰富的情节与情感支撑，助力开启创作思路。

- 心灵慰藉，治愈和解：当你在书中看到他人与你相似的遗憾经历，会获得心灵慰藉，明白自己并不孤单。同时，书中对和解与成长的探讨，帮助你与过去的遗憾和解，实现内心的治愈。

1. 假如你今年17岁。

2. 列举单身的十个好处。

3. 你理想中的18岁是什么样子的?

4. 如果有钱了,你会做什么?

5．用四个词形容你的初恋。

6．你的人生座右铭是什么？

7．以最少的字讲一个故事。

8．描述你生活中最舒适的时刻。

9．最让你快乐的一件事是什么？

10．最让你遗憾的一件事是什么？

11. 你想回到过去改变哪件事?

12. 你想进入谁的梦境?为什么?

13. 描述你最真实的择偶标准。

14. 你希望的人生结局是什么？

15. 描述你最骄傲的时刻。

16. 你会怎样描述"意难平。

17．用一种水果形容你喜欢的人。

18．描述你最好朋友的样子。

19. 你是如何缓解焦虑的?

20. 你目前最大的烦恼是什么?

21．描述你的前任。

22．描述你最想忘记的事。

23. 你会如何定义自己?

24. 你会如何定义浪漫?

25. 描述你最显著的特质。

26. 喜欢一个人是什么感觉?

27．如何快速毁掉一段友谊？

28．为什么男孩可以教很多女孩长大，而女孩教一个男孩长大后，就再也不敢了？

29. 为什么男孩子喜欢找比自己年纪小的女孩谈恋爱，而女孩子喜欢找比自己年纪大的男孩谈恋爱？

30. 为什么男孩找到新恋人之后还可以和前任复合，而女孩一旦找了新恋人之后就和前任结束了？

31. 为什么父母不同意的感情，女生非要坚持，而男生却不会呢？

32. 为什么男孩提分手，女孩不管怎么挽留都没用；而女孩提分手，男孩不同意就分不了？

33．为什么女孩子永远好奇男朋友和他前任的分手原因,而男孩子从来不会过问女朋友和她前任的分手原因?

34．为什么恋爱后主动提前任的人,一定有问题?

35. 为什么分手后提出做朋友的人一定有问题？

36. 友情渐行渐远，是时间的错，还是我们都变了？

37. 面对爱情的抉择,该遵循内心还是向现实低头?

38. 亲情的温暖,在哪个瞬间让你红了眼眶?

39. 爱情里，是先心动的人输，还是先认真的人输？

40. 错过的爱情，是命运的捉弄，还是不够执着？

41. 友情里最让你寒心的事，是什么？

42. 当爱情变成亲情，是幸福的归宿，还是平淡的开始？

43. 回忆里的某个朋友，现在还在你身边吗？

44. 爱情里，最卑微的瞬间，你经历过吗？

45. 小时候渴望长大逃离家，长大后才懂家是最暖的港湾，你呢？

46. 友情能否跨越时间和距离的阻碍？

47. 失去爱情后，要多久才能找回自己？

48．亲情的纽带，在什么时候最坚韧？

49．为爱情奋不顾身，是勇敢，还是傻？

50．朋友的一句鼓励，曾给你多大的力量？

51. 爱情里，是陪伴重要，还是理解重要？

52. 父母眼中的你，和真实的你有多大差距？

53. 回忆中的爱情，是甜蜜多一点，还是遗憾多一点？

54. 暗恋三年，毕业时都没勇气告白，后来的你会怎么做？

55. 异地恋分手那天，没说出口的挽留，之后该如何弥补？

56. 热恋时错过的旅行，分手后若有机会，你还会赴约吗？

57. 爱情里，付出所有却得不到回应，是该坚持还是放手？

58. 友情在岁月里逐渐疏远，重聚时还能找回曾经的默契吗？

59. 父母对自己的过度保护，是爱还是束缚？

60. 回忆里,那个与你在雨中奔跑的朋友,如今身在何方?

61. 当爱情遭遇家庭反对,是为爱情抗争,还是向亲情妥协?

62. 朋友之间互相攀比,这份友情还能纯粹吗?

63. 兄弟姐妹的竞争，会影响彼此的感情吗？

64. 爱情里，承诺总是美好，可实现的又有多少？

65. 有没有一个朋友，曾陪你度过失恋的痛苦？

66. 为了家人的幸福，牺牲自己的爱情，是否值得？

67. 爱情中，两个人的成长速度不同，还能携手走下去吗？

68. 过年回家，和儿时好友相聚，感觉还是一样吗？

69. 友情里,因为误会而断交,多年后你会主动和解吗?

70. 父母老去,我们开始成为他们的依靠,内心有何感触?

71. 爱情里,要不要为了对方改变自己?

72. 回忆起和朋友一起熬夜打游戏的时光,是否充满怀念?

73. 当爱情的激情消退,如何重新找回心动的感觉?

74. 兄弟姐妹之间的感情,会因为各自成家而改变吗?

75. 朋友向你借钱，借与不借之间，你如何抉择？

76. 爱情里，吃醋是在乎的表现，可过度吃醋会怎样？

77. 因为工作忙碌，忽略了亲情，你有过愧疚感吗？

78. 回忆里，和朋友一起追过的那个女孩，现在怎样了？

79. 能不能接受和恋人长时间异地？

80. 过年走亲戚，和亲戚之间的话题还多吗？

81. 朋友总是爽约，你会选择原谅几次？

82. 父母的爱情故事，对你的爱情观有什么影响？

83. 爱情里，吵架后谁先低头，真的很重要吗？

84. 有没有一个朋友，让你觉得是人生路上的贵人？

85. 为了爱情远走他乡，和家人聚少离多，值得吗？

86. 爱情中，两个人的消费观念不同，会产生矛盾吗？

87. 回忆起和朋友一起组建乐队的日子，梦想还在吗？

88. 当朋友有了新的圈子，你会感到失落吗？

89. 长辈的重男轻女观念，你能接受吗？

90. 爱情里，是不是越在乎就越容易失去？

91. 过年时，和家人一起贴春联的场景，还温馨吗？

92. 有没有一个朋友，和你一起分享过最隐秘的心事？

93. 爱情中,能不能接受对方有前任的联系方式?

94. 因为性格不合,和朋友渐行渐远,你会遗憾吗?

95. 父母为了子女牺牲自己的梦想,子女该如何报答?

96. 爱情里，送礼物是形式还是心意的表达？

97. 回忆里，和朋友一起爬山看日出的经历，难忘吗？

98. 当爱情面临七年之痒，该如何维系？

99. 兄弟姐妹之间分家产,会伤害彼此的感情吗?

100. 朋友在背后说你坏话,你知道后会怎么做?

101. 爱情里,是精神出轨更伤人,还是肉体出轨更伤人?

102. 因为生活压力，对家人发脾气，事后你会后悔吗？

103. 有没有一个朋友，和你一起做过疯狂的事？

104. 爱情中，能不能接受对方和异性单独吃饭？

105. 过年时,和家人一起守岁的传统,还在延续吗?

106. 朋友发达后变得傲慢,你还会和他来往吗?

107. 父母对子女的爱,是不是有时候也会成为一种负担?

108. 爱情里，为对方付出一切却被辜负，该如何释怀？

109. 回忆起和朋友一起参加比赛的日子，收获了什么？

110. 当爱情出现第三者，是该挽回还是放弃？

111. 隔代亲真的会胜过亲子情吗？

112. 朋友总是找你帮忙，你会感到厌烦吗？

113. 爱情里，是不是年龄差距大就很难有共同语言？

114. 因为面子，和家人发生争执，你会主动道歉吗？

115. 有没有一个朋友，和你一起经历过生死考验？

116. 爱情中，能不能接受对方和前任藕断丝连？

117. 过年时，和家人一起包饺子的氛围，还浓厚吗？

118. 朋友不理解你的梦想，你会怎么办？

119. 父母的唠叨，在你离开家后，是不是变得格外珍贵？

120. 爱情里，是陪伴的时间重要，还是陪伴的质量重要？

121. 当爱情遭遇背叛，还能重新建立信任吗？

122. 兄弟姐妹之间的感情，会不会因为贫富差距而改变？

123. 爱情里,是不是爱得越深就越容易患得患失?

124. 有没有一个朋友,和你一起度过了孤独的时光?

125. 爱情中,能不能接受对方和自己的兴趣爱好完全不同?

126. 朋友总是炫耀自己的成就,你会怎么应对?

127. 爱情里,付出与收获不成正比,还要继续付出吗?

128. 回忆起和朋友一起自驾游的经历,有过哪些惊喜?

129. 当爱情中的新鲜感消失,还剩下什么?

130. 朋友向你倾诉烦恼,却不听你的建议,你会无奈吗?

131. 爱情里,是不是太懂事的一方更容易受伤?

132. 因为工作,忽略了朋友的感受,你会怎么弥补?

133. 有没有一个朋友,和你一起见证过彼此的成长?

134. 爱情中,能不能接受对方和自己的价值观不同?

135. 朋友总是依赖你,你会觉得累吗?

136. 父母的爱情,是你向往的吗?

137. 是先结婚后恋爱,还是先恋爱后结婚更好?

138. 回忆里，和朋友一起参加毕业典礼的场景，还清晰吗?

139. 当爱情遇到挫折，是两个人共同面对，还是各自逃避?

140. 朋友对你的帮助没有表示感谢，你会在意吗?

141. 爱情里,是不是承诺越多,失望就越大?

142. 因为爱情,和家人产生隔阂,你会怎么解决?

143. 有没有一个朋友,和你一起度过了迷茫的青春?

144. 爱情中，能不能接受对方有红颜知己或蓝颜知己？

145. 过年时，和家人一起逛庙会的记忆，还深刻吗？

146. 朋友总是否定你的想法，你会坚持自己吗？

147. 父母为你做的哪件事,让你最感动?

148. 爱情里,是心动重要,还是心安重要?

149. 争吵后拉黑恋人,冷静下来后悔了,怎么挽回这段情?

150. 情人节弄丢给恋人的礼物,你要怎样重新制造惊喜?

151. 错过恋人的生日,补过的话,你会准备什么特别惊喜?

152. 因误会分手,得知真相后,你打算怎么解开这心结?

153. 本计划结婚，却在婚前分手，之后的你会怎样？

154. 没和恋人去看的演唱会，若有机会，你想和对方再约吗？

155. 恋爱时没送出手的戒指，多年后还能给对方戴上吗？

156. 第一次约会迟到，你会怎么弥补这次糟糕的开场？

157. 约会时和恋人意见不合，你会如何化解这次矛盾？

158. 恋爱时忽略恋人爱好，现在想弥补，你会怎么做？

159. 恋人精心准备的晚餐，你却因加班错过，怎么补偿？

160. 恋爱时答应为对方学做饭，却食言了，你怎么补救？

161. 没陪恋人过纪念日，你会怎样补上这份仪式感？

162. 吵架后冷战，若你先低头，会用什么方式和解？

163. 因工作冷落恋人导致分手，你打算如何挽回？

164. 错过恋人升职庆祝，之后你要怎样表达你的骄傲？

165. 恋爱时答应一起养宠物，没做到，你怎么弥补？

166. 没和恋人去拍婚纱照，若再给你机会，你会如何准备？

167. 第一次见恋人父母搞砸了，后续你会怎么补救？

168. 恋爱时答应教恋人一项技能,却没做到,你怎么办?

169. 异地恋没及时回消息让恋人失望,你如何挽回信任?

170. 恋爱时答应写情书,却没写,现在你会怎么写?

171. 因小事和恋人赌气，后来后悔，你会怎么挽回？

172. 恋爱时答应一起存钱旅游，没实现，你会怎么做？

173. 恋爱时答应陪恋人看日出，却爽约了，你怎么补救？

174. 因朋友挑拨和恋人产生误会，你如何澄清？

175. 恋爱时答应陪恋人过生日，却忘记了，你怎么弥补？

176. 因家人反对和恋人分手，若有勇气，你会怎么做？

177. 恋爱时答应和恋人一起养植物,没坚持,你怎么补救?

178. 恋爱时答应为恋人做的手工,没完成,你怎么办?

179. 没和恋人一起看的电视剧结局,你想和对方一起补看吗?

180. 因性格不合和恋人分手，若能改变，你会怎么做？

181. 恋爱时答应和恋人一起看雪，没看成，你会如何弥补？

182. 吵架时对恋人说狠话，你要怎么挽回对方的心？

183. 错过恋人的比赛，你会如何向对方表达你的支持？

184. 恋爱时答应为恋人写日记，没坚持，你怎么补救？

185. 没和恋人去的那座城市，如果有机会，你会和对方重游吗？

186. 因前任干扰和现任产生矛盾，你会如何解决？

187. 恋爱时答应给恋人的惊喜，没做到，你怎么弥补？

188. 恋爱时答应和恋人一起看画展，没去，你怎么办？

189. 因忙碌忽略恋人感受,你打算怎么挽回这段感情?

190. 恋爱时答应和恋人一起拍短视频,没拍成,你怎么补救?

191. 没和恋人去的游乐园,有机会你会带对方去吗?

192. 吵架后删除恋人联系方式，你会怎么重新联系？

193. 错过恋人的家庭聚会，你会如何向对方和家人解释？

194. 没和恋人去的音乐节，若有票，你会和对方一起去吗？

195. 因误会和恋人分手,若有时光机,你会怎么做?

196. 恋爱时答应给恋人写情诗,没写,你会怎么写?

197. 没和恋人去的海边,有机会你会和对方漫步沙滩吗?

198．因冲动和恋人提分手，后悔了你会怎么挽回？

199．恋爱时答应和恋人一起看日出，没看成，你怎么补救？

200．恋爱时答应为恋人织围巾，没织完，你怎么办？

201. 没和恋人去的山顶，有机会你会和对方一起登顶吗？

202. 因异地和恋人感情变淡，你会如何挽回新鲜感？

203. 恋爱时答应和恋人一起种花，没种，你怎么弥补？

204. 错过恋人的升职宴，你会如何为对方庆祝升职？

205. 恋爱时答应和恋人一起看话剧，没看成，你怎么办？

206. 没和恋人去的温泉，有机会你会和对方一起享受吗？

207. 因猜疑和恋人产生隔阂，你会如何重建信任？

208. 恋爱时答应为恋人做早餐，没做到，你怎么弥补？

209. 错过恋人的健身打卡，你会如何陪对方一起锻炼？

210. 恋爱时答应和恋人一起做陶艺,没做成,你怎么办?

211. 没和恋人去的古镇,有机会你会和对方探寻古韵吗?

212. 因经济压力和恋人产生矛盾,你会如何化解?

213. 恋爱时答应和恋人一起学乐器，没学成，你会怎么做?

214. 错过恋人的生日聚会筹备，你会怎么弥补惊喜?

215. 恋爱时答应和恋人一起露营，没去成，你怎么补救?

216. 没和恋人去的动物园,有机会你会和对方看动物吗?

217. 因忙碌和恋人聚少离多,你会如何平衡生活?

218. 恋爱时答应为恋人按摩,没做到,你怎么弥补?

219. 错过恋人的书法展览,你会如何欣赏对方的作品?

220. 恋爱时答应和恋人一起做饼干,没做成,你怎么办?

221. 没和恋人去的科技馆,有机会你会和对方探索吗?

222. 因不成熟和恋人吵架，你会如何改变自己？

223. 恋爱时答应和恋人一起看星星，没看成，你怎么补救？

224. 错过恋人的烹饪比赛，你会如何称赞对方的厨艺？

225. 恋爱时答应和恋人一起剪纸,没剪成,你怎么办?

226. 因脾气差和恋人闹矛盾,你会如何控制情绪?

227. 没和恋人去的天文馆,有机会你会和对方观星吗?

228．因不懂浪漫和恋人有分歧，你会如何制造浪漫？

229．恋爱时答应和恋人一起做风铃，没做成，你怎么办？

230．被偏爱的都有恃无恐，你在爱情里是被偏爱的那个吗？

231. 暧昧上头的那一刻,像极了爱情,可后来呢?

232. 爱情里最心酸的事,是不是连吃醋都要把握好分寸?

233. 分手后还偷偷关注对方的动态,这算没放下吗?

234. 当爱情和现实冲突,你会为了爱情不顾一切吗?

235. 你有没有为了等一个人的消息,熬到深夜?

236. 喜欢和爱的区别究竟在哪里,你分得清吗?

237. 恋爱中,付出和回报不成正比,还要继续吗?

238. 你会因为害怕失去,而不敢开始一段爱情吗?

239. 异地恋的时候,最让你崩溃的瞬间是什么?

240. 爱情中，信任崩塌后还能重建吗？

241. 遇到一个很像前任的人，你会心动吗？

242. 你有没有过那种，爱而不得的痛苦经历？

243. 爱情里，太懂事的人是不是更容易受伤？

244. 跟恋人吵架后，你是怎么和好的？

245. 为了爱情，你做过最疯狂的事情是什么？

246. 当爱情新鲜感褪去，该如何维持？

247. 你能接受恋人翻看你的手机吗？

248. 爱情长跑多年，却始终没有结婚的勇气，问题出在哪？

249. 你有没有在爱情里迷失过自己？

250. 你觉得爱情中最重要的是什么？忠诚、理解还是包容？

251. 暗恋一个人，是怎样一种苦涩又甜蜜的体验？

252. 被爱情伤过之后，还能再勇敢去爱吗？

253. 你会不会因为一个人，喜欢上一座城市？

254. 你愿意为了爱情放弃自己的梦想吗？

255. 父母渐渐老去,哪一刻让你突然意识到要多陪陪他们?

256. 和父母产生矛盾,你是怎么化解的?

257. 有没有一件事,让你觉得父母其实并不了解你?

258. 家里兄弟姐妹之间,最难忘的一次争吵是因为什么?

259. 你有多久没有和家人一起好好吃顿饭了?

260. 当你遇到困难,第一个想到的是不是家人?

261. 你觉得父母的哪些观念，让你难以接受？

262. 回忆一下，小时候父母做过最让你感动的事是什么？

263. 长大之后，和家人的关系有什么变化？

264. 有没有因为自己的任性，伤害过家人？

265. 父母总是拿你和别人比较，你心里是什么感受？

266. 你有没有对家人说过一句，一直没说出口的感谢？

267. 家庭聚会时，最让你印象深刻的场景是什么？

268. 当家人不支持你的选择，你会怎么做？

269. 你觉得在亲情中，最重要的是什么？陪伴、理解还是物质？

270. 回忆一次和家人旅行的经历,有什么收获?

271. 有没有在外地的时候,特别想念家人做的饭菜?

272. 你会把自己的小秘密分享给家人吗?

273. 当家人之间产生误会,你会主动去解开吗?

274. 有没有一件事,让你觉得家人是你最坚实的后盾?

275. 你希望家人在哪些方面多理解你一些?

276. 逢年过节，不能回家陪伴家人，你会怎么做？

277. 你有没有因为工作忙，忽略家人的时候？

278. 你觉得怎样才能更好地维护亲情关系？

279. 有没有一次和家人的冲突,让你至今难忘?

280. 多年的好朋友突然疏远,你知道原因吗?

281. 你和朋友之间,最难忘的一次冒险是什么?

282. 当朋友有了新的朋友圈,你会觉得被冷落吗?

283. 有没有一个朋友,陪你度过了人生中最黑暗的时光?

284. 朋友之间借钱,还不上该怎么办?

285. 你会和朋友分享自己的喜怒哀乐吗?

286. 当朋友做了让你失望的事,你会怎么处理?

287. 回忆一下,你和朋友第一次见面的场景。

288．有没有一个朋友，和你性格完全不同，但却相处得很好？

289．你觉得真正的朋友，应该具备哪些品质？

290．朋友之间的友谊，会因为距离而变淡吗？

291. 你有没有为了朋友，放弃过自己的一些利益？

292. 当朋友遇到困难，你会毫不犹豫地帮忙吗？

293. 你和朋友之间，最常一起做的事情是什么？

294. 有没有因为一次误会，差点失去一个好朋友？

295. 你觉得朋友之间，需要保持一定的界限感吗？

296. 回忆一次和朋友的旅行，有什么有趣的故事？

297. 你会在朋友面前展现最真实的自己吗?

298. 当朋友和你意见不合,你会怎么处理?

299. 有没有一个朋友,你可以随时找他倾诉,不管多晚?

300. 你觉得怎样才能交到真正的知心朋友?

301. 你和朋友之间,有没有什么专属的回忆?

302. 生命中最重要的人突然离开,你是如何面对那份伤痛的?

303. 有没有那么一个瞬间,你觉得自己在感情里很失败?

304. 回忆一下,你第一次心动的感觉,是爱情、友情还是亲情带来的?

305. 当爱情、友情和亲情发生冲突,你会如何抉择?

306. 有没有一个人，不管是爱情还是友情，你都希望和他一辈子在一起？

307. 你觉得情感中的遗憾，会随着时间的推移而淡化吗？

308. 分享一次你在情感中学会成长的经历。

309. 有没有一种情感,是你一直渴望却从未拥有过的?

310. 当你陷入情感困境,你会向谁寻求帮助?

311. 你相信时间可以治愈一切情感创伤吗?

312. 有没有一件事,让你同时感受到爱情、友情和亲情的力量?

313. 你觉得在情感世界里,真诚真的是必杀技吗?

314. 回忆一次你为了维护情感,做出妥协的经历。

315. 有没有一个人,曾经在你的情感世界里很重要,现在却形同陌路?

316. 你觉得情感中的信任,是如何建立起来的?

317. 当你发现自己对一个人的情感变了,你会怎么做?

318. 有没有一次情感经历，让你对人性有了新的认识？

319. 你觉得情感中的付出，一定要有回报吗？

320. 分享一次你因为情感而流泪的经历。

321. 有没有一个人，你会在不经意间就想起他，无论是什么情感？

322. 你觉得如何平衡爱情、友情和亲情在生活中的比重？

323. 回忆一次你在情感中被误解的经历，你是怎么澄清的？

324. 有没有一种情感，是你曾经忽略，后来才懂得珍惜的？

325. 你相信命中注定的情感缘分吗？

326. 当你对一段情感感到迷茫时，你会怎么做？

327. 那些年，为爱情写过的"意难平"日记。

328. 暧昧期的心动瞬间，你还记得几个？

329. 爱情里，最心酸的妥协是怎样的？

330. 分手那天，你在想什么？

331. 你有没有为了爱情，卑微到尘埃里？

332. 当爱情变成回忆，哪些画面最让你难忘？

333. 恋爱时，你做过最幼稚的事是什么？

334. 爱情长跑中，最考验你们的是什么？

335. 暗恋一个人的时候，你是如何隐藏心意的？

336. 为了爱情，你改变过自己多少？

337. 你觉得爱情中，最容易被忽略的细节是什么？

338. 分手后，还留着前任的联系方式，是为什么？

339. 爱情里,有没有那么一句话,让你瞬间破防?

340. 当你发现恋人的秘密,你会怎么处理?

341. 你有没有在爱情里,迷失过前进的方向?

342. 恋爱中,你最害怕面对的问题是什么?

343. 那些没能说出口的"我爱你",后来怎么样了?

344. 爱情中,你是付出型还是索取型?

345. 你和恋人之间,最浪漫的约定是什么?

346. 分手后,你有没有后悔过当初的决定?

347. 当爱情的新鲜感消失殆尽,靠什么维系?

348．你会因为什么原因，放弃一段深爱的感情？

349．爱情里，最让你感到幸福的时刻是什么？

350．暗恋无果，你是如何释怀的？

351. 你有没有为了爱情，和家人产生过矛盾？

352. 恋爱时，你最不能忍受恋人的什么行为？

353. 那些年，错过的爱情，你还会时常想起吗？

354. 爱情中，信任和自由，你更看重哪个？

355. 你有没有在爱情里，变得不像自己？

356. 分手后，再次遇到前任，你会说什么？

357. 你觉得爱情里，需要保留隐私吗？

358. 当爱情和理想发生冲突，你会如何抉择？

359. 恋爱中，你最期待的惊喜是什么？

360．你有没有为了爱情，奋不顾身过？

361．爱情里，最伤人的话，你听过哪句？

362．你和恋人之间，最难忘的争吵是因为什么？

363. 分手后,你是如何走出失恋阴影的?

364. 爱情中,你会为了对方改变自己的原则吗?

365. 你有没有在爱情里,患得患失过?

366. 当你发现自己不再爱对方,你会怎么做?

367. 恋爱时,你最希望对方为你做什么?

368. 那些被爱情辜负的日子,你是怎么熬过来的?

369. 爱情里,最让你感动的付出是什么?

370. 暗恋一个人,你坚持了多久?

371. 你有没有因为爱情,放弃过自己的社交圈?

372. 恋爱中，你最讨厌对方的什么性格特点？

373. 分手后，你还会关注前任的生活吗？

374. 爱情中，你觉得物质重要还是精神重要？

375. 你有没有在爱情里,期待过奇迹发生?

376. 当你和恋人的未来规划不一致,你会怎么办?

377. 小时候,父母说过最让你害怕的话是什么?

378. 你有没有因为一件小事，和父母大吵一架？

379. 家庭聚会时，最温馨的画面是什么？

380. 你觉得父母最不理解你的哪一点？

381. 回忆一次和父母一起旅行的经历，有什么收获？

382. 当父母生病时，你是如何照顾他们的？

383. 你有没有对父母说过一句，一直难以启齿的道歉？

384．兄弟姐妹之间的竞争，对你有什么影响？

385．你觉得在亲情里，最大的遗憾是什么？

386．你和父母之间，有没有什么专属的回忆？

387. 你第一次意识到父母老了，是什么场景？

388. 小时候父母为你做过最骄傲的事是什么？

389. 你有没有因为自己的叛逆，伤害过父母的心？

390．家庭中，最让你感到温暖的传统是什么？

391．你觉得父母应该如何平衡对每个孩子的爱？

392．当你遇到困难，家人的第一反应对你有什么影响？

393. 你和家人之间,有没有因为价值观不同产生过矛盾?

394. 分享一次和家人一起克服困难的经历。

395. 你有没有在外地时,特别想念家人的唠叨?

396. 你觉得在亲情中，表达爱重要还是默默付出重要？

397. 父母总是拿你和别人比较，你是如何应对的？

398. 回忆一次和家人的温馨对话，它给你带来了什么？

399. 当你有了自己的小家庭,和原生家庭的关系有什么变化?

400. 你有没有因为工作忙,而忽略家人的感受?

401. 家庭中,最让你难忘的一次和解是因为什么?

402. 你觉得怎样才能更好地理解父母的苦心？

403. 分享一次和家人的误会，你是如何解开的？

404. 当家人不支持你的梦想，你会怎么做？

405. 你和家人之间,有没有什么一直没说开的秘密?

406. 回忆一下,小时候家人给你过的最特别的生日。

407. 你觉得亲情中,最珍贵的是什么?

408. 当父母和你的伴侣产生矛盾,你如何调和?

409. 你有没有因为家人的期望,而给自己很大压力?

410. 家庭聚会时,最尴尬的时刻是什么?

411. 你和家人之间,有没有什么独特的沟通方式?

412. 当你取得成就,家人的反应对你意味着什么?

413. 你觉得父母的教育方式,对你有什么影响?

414. 回忆一次和家人的冷战,最后是怎么结束的?

415. 你有没有在家人面前,展现过自己最脆弱的一面?

416. 家庭中,最让你感到自豪的是什么?

417. 当你和家人的意见不合,你会坚持自己的观点吗?

418. 分享一次和家人一起度过的艰难时光。

419. 你觉得在亲情里,学会感恩有多重要?

420. 你和家人之间，有没有什么有趣的绰号？

421. 当父母老去，你对未来有什么担忧？

422. 回忆一次和家人的争吵，你从中明白了什么？

423. 你有没有因为家人的一句话,而改变自己的决定?

424. 家庭中,最让你怀念的味道是什么?

425. 你觉得亲情的纽带,会因为时间和距离而变弱吗?

426. 当你有了孩子，对亲情有了什么新的感悟？

427. 你和朋友之间，最搞笑的一次误会是什么？

428. 回忆一下，你和朋友第一次闹别扭的原因。

429. 朋友之间,有没有什么不能说的秘密?

430. 当朋友有了新的恋人,你会觉得被冷落吗?

431. 你和朋友之间,最难忘的一次旅行是去哪里?

432. 朋友遇到困难，你是如何帮他走出困境的？

433. 你有没有因为朋友，和其他人发生过冲突？

434. 你觉得真正的友谊，经得起时间的考验吗？

435. 当朋友背叛你，你会怎么做？

436. 你和朋友之间，有没有什么专属的口头禅？

437. 回忆一次和朋友一起为梦想努力的经历。

438. 你有没有在朋友面前，展现过自己的嫉妒心？

439. 朋友之间，最让你感动的一次帮助是什么？

440. 当你和朋友的兴趣爱好渐行渐远，你会怎么办？

441. 你觉得友谊中,最重要的是陪伴还是理解?

442. 你和朋友之间,有没有什么一直没实现的约定?

443. 分享一次和朋友的争吵,最后是怎么和好的?

444. 你有没有因为朋友的一句话，而深受鼓舞？

445. 当朋友陷入低谷，你是如何陪伴他的？

446. 你觉得在友谊里，需要保持一定的距离吗？

447. 你和朋友之间,最疯狂的一次举动是什么?

448. 回忆一下,你和朋友相识的那个瞬间。

449. 朋友之间,有没有因为金钱产生过矛盾?

450．当你和朋友有了不同的人生选择，你们的关系有变化吗？

451．你觉得真正的朋友，会一直支持你的选择吗？

452．你和朋友之间，有没有什么独特的庆祝方式？

453. 分享一次和朋友的冒险经历,有什么收获?

454. 你有没有因为朋友,放弃过自己的一些计划?

455. 当朋友成功时,你会真心为他高兴吗?

456. 你觉得友谊中，最容易被破坏的是什么？

457. 你和朋友之间，有没有什么互相吐槽的趣事？

458. 回忆一次和朋友的默契瞬间，你当时什么感受？

459. 当朋友对你隐瞒事情,你会怎么想?

460. 你觉得在友谊里,诚实有多重要?

461. 你和朋友之间,有没有什么共同的敌人?

462. 分享一次和朋友一起度过的无聊时光,却很开心。

463. 你有没有因为朋友的影响,喜欢上一种新事物?

464. 当朋友和你竞争同一个机会,你会怎么做?

465. 你觉得真正的友谊，是平等的吗？

466. 你和朋友之间，有没有什么值得纪念的物品？

467. 回忆一次和朋友的分别，你是如何告别的？

468. 朋友之间,有没有什么一直想做却没做的事?

469. 当你和朋友产生价值观冲突,你会如何处理?

470. 你觉得在友谊里,学会包容有多重要?

471. 你和朋友之间,有没有什么搞笑的昵称?

472. 分享一次和朋友的深夜谈心,你有什么收获?

473. 你有没有因为朋友,而改变自己的生活习惯?

474. 当朋友生病时,你是如何照顾他的?

475. 你觉得友谊的保质期有多久?

476. 你和朋友之间,有没有什么一起守护的回忆?

477．分手后，你是如何处理那些情侣物品的？

478．回忆一下，和前任分手时说的最后一句话。

479．你有没有在分手后，偷偷去前任去过的地方？

480. 当你听到前任有了新欢,你是什么感受?

481. 分手后,你为了忘记前任,做过哪些努力?

482. 你和前任之间,最遗憾的事情是什么?

483. 回忆一次和前任的甜蜜约会,现在想起来什么心情?

484. 分手后,你有没有想过和前任复合?在什么情况下?

485. 你觉得分手后,还能和前任做朋友吗?为什么?

486．当你和前任再次相遇，你希望是怎样的场景？

487．分手后，前任给你发消息，你会回复吗？

488．你和前任之间，有没有什么无法释怀的矛盾？

489. 回忆一下,和前任吵架最凶的一次,是因为什么?

490. 分手后,你从这段感情中学到了什么?

491. 你有没有因为前任,而对爱情失去信心?

492. 当你看到前任过得很好,你会祝福吗?

493. 分手后,你会保留前任的照片吗?

494. 你和前任之间,有哪些让你难忘的专属回忆?

495. 回忆一次和前任的旅行，现在想想有什么不同的感悟？

496. 分手后，你如何重新找回自己的生活节奏？

497. 你觉得分手后，需要多久才能彻底放下前任？

498. 当你梦到前任，醒来后是什么心情？

499. 分手后，你有没有后悔过自己在感情中的一些行为？

500. 你和前任之间，有没有什么没说出口的话，现在还想说？

501. 回忆一下,和前任在一起时,最让你失望的瞬间。

502. 分手后,你会关注前任的社交动态吗?

503. 你觉得前任在你的生命中,留下了什么痕迹?

504. 当你遇到新的人,前任对你的影响还大吗?

505. 分手后,你有没有因为怀念前任,而拒绝新的感情?

506. 你和前任之间,有没有什么共同的朋友,他们起到了什么作用?

507. 回忆一次和前任的和解，当时是怎样的情况？

508. 分手后，你如何治愈自己内心的伤痛？

509. 你觉得前任教会了你关于爱情的什么道理？

510. 当你和前任的回忆涌上心头,你会怎么做?

511. 分手后,你有没有为了前任而改变自己的一些习惯?

512. 你和前任之间,有没有什么约定,因为分手而没能实现?

513. 回忆一下，和前任在一起时，最让你骄傲的时刻。

514. 分手后，你会把和前任的故事讲给别人听吗？

515. 你觉得分手后，对前任最好的态度是什么？

516．你和前任在不同的城市，距离对你的回忆有什么影响？

517．分手后，你有没有因为前任的一句话，而泪流满面？

518．你和前任之间，有没有什么独特的相处模式，让你怀念？

519. 回忆一次和前任的误会,现在你怎么看待这件事?

520. 分手后,你如何重新建立对爱情的信任?

521. 你觉得前任的出现,是命运的安排还是偶然?

522．当你和前任的关系彻底结束，你是如何接受这个事的？

523. 分手后，你有没有因为想念前任，而做过一些冲动的事？

524. 你和前任之间，有没有一起养过宠物？后来怎么样了？

525. 回忆一下，和前任分开后的第一个节日，你是怎么过的？

526. 分手后，你对未来的感情有什么新的期待和担忧？

527. 学生时代，最遗憾的一次错过是什么？

528. 回忆一下，因为犹豫而错过的那个机会，现在后悔吗？

529. 你有没有因为面子，而错过一段珍贵的感情？

530. 那些没能实现的梦想，给你留下了怎样的遗憾？

531. 当你回首往事,最遗憾没有珍惜的是什么?

532. 你觉得人生中,最大的遗憾是失去还是从未拥有?

533. 回忆一次和朋友的约定,因为各种原因没能兑现,你现在怎么想?

534. 你有没有因为自己的固执,而错过重要的人或事?

535. 那些年,没来得及说出口的感谢,现在还能补上吗?

536. 你觉得在爱情里,最遗憾的结局是什么?

537．回忆一下，因为家庭原因而放弃的梦想，现在还有遗憾吗？

538．你有没有因为害怕失败，而错过尝试的机会？

539．那些没来得及去的地方，现在还在你的愿望清单里吗？

540. 你觉得在亲情里，最遗憾的事情是什么？

541. 回忆一次和家人的旅行计划，因为意外取消，你当时什么心情？

542. 你有没有因为自己的粗心，而错过重要的信息？

543. 那些没来得及完成的作品，是你心中的遗憾吗？

544. 你觉得在友情里，最遗憾的误会是什么？

545. 回忆一下，因为忙碌而忽略的朋友，现在关系怎么样了？

546．你有没有因为自己的偏见，而错过结识有趣的人？

547．那些没来得及表达的歉意，你打算怎么弥补？

548．你觉得人生中，错过的风景还能再看到吗？

549．回忆一次和恋人的争吵，因为没有及时和解而分手，你后悔吗？

550．你有没有因为自己的拖延，而错过最佳的时机？

551．那些没来得及说的爱，会成为你心中永远的遗憾吗？

552. 你觉得在成长过程中,最遗憾的选择是什么?

553. 回忆一下,因为胆小而错过的冒险,现在还想尝试吗?

554. 你有没有因为自己的自负,而错过学习的机会?

555. 那些没来得及珍藏的回忆，还能找回来吗？

556. 你觉得在生命里，最遗憾的告别是什么样的？

557. 回忆一次和同事的合作机会，因为自己的原因搞砸了，你怎么弥补？

558．你有没有因为自己的优柔寡断，而错过改变命运的机会？

559．分手那天没说出口的挽留，如今说还有意义吗？

560．亲情里那些被忽视的关心，还能重新弥补吗？

561. 友情因忙碌而疏远，再挽回还能如初吗？

562. 收到前任的结婚邀请，去还是不去？这是个难题！

563. 爱情里错过的表白，多年后提起会是怎样的心情？

564. 失去挚友后，才懂得那些未说出口的珍惜，有用吗？

565. 因为误会和家人冷战，怎么打破这僵局？

566. 分手许久还留着前任的东西，是放不下还是习惯？

567. 暗恋多年不敢表白,现在说出来会释然吗?

568. 错过的家庭聚会,如何弥补那份亲情的缺失?

569. 爱情中承诺未兑现,对方还会相信吗?

570. 朋友间的秘密被泄露,友谊还能修复吗?

571．和前任断联许久，突然联系该说什么？

572．总是和父母顶嘴，怎么去道歉？

573．失去爱情后，如何重新找回对恋爱的勇气？

574．被朋友爽约多次，还要继续这段友情吗？

575. 分手时删掉了所有联系方式，还能再相遇吗？

576. 因为工作忽略家人，怎么重新拉近关系？

577. 爱情里总为小事争吵，该怎么改变相处模式？

578. 错过和朋友的旅行，还能找回当初的兴致吗？

579. 前任回头，可过去的伤害还在，要接受吗？

580. 对于父母的唠叨，以前厌烦现在如何去理解？

581. 友情因观念分歧产生裂缝，怎么去缝合？

582. 分手后还会梦到前任，这代表什么？

583. 因为面子错过和家人和解,现在该如何破冰?

584. 爱情里出现了不信任,怎么重建那份安全感?

585. 错过和朋友的生日聚会,怎么补救?

586. 前任有了新恋人,自己却还放不下,怎么办?

587. 亲情中对兄弟姐妹的嫉妒，怎么化解？

588. 被朋友背叛，还能选择原谅吗？

589. 分手时说了狠话，怎么挽回破碎的关系？

590. 因为忙碌错过和家人的沟通，如何弥补？

591. 爱情里付出没有回报,还要继续坚持吗?

592. 错过和朋友的约定,怎么取得朋友的谅解?

593. 还一直留着前任送的礼物,是因为什么?

594. 父母有偏爱,怎么去平衡自己的心态?

595. 友情因距离变淡,如何重新升温?

596. 分手后一直关注前任动态,这是放不下吗?

597. 因为固执错过和家人的美好时光,怎么挽回?

598. 爱情里总是患得患失,怎么调整心态?

599．错过和朋友的合作机会，还能再有吗？

600．对于前任的道歉，该接受还是拒绝？

601．对长辈不够尊重，怎么去改正？

602．被朋友孤立，要怎么去面对？

603. 分手许久还会想起过去，这正常吗？

604. 因为冲动错过和家人的团聚，怎么弥补？

605. 爱情里总期望对方改变，现实吗？

606. 错过和朋友的聚会，怎么表达自己的歉意？

607. 前任的回忆总是萦绕心间，如何彻底放下？

608. 对家人非常依赖，怎么学会独立？

609. 和朋友竞争，会影响感情吗？

610. 分手后想要复合，怎么迈出第一步？

611. 因为误解错过和家人的沟通，怎么解开误会？

612. 爱情里的新鲜感消失，如何重新找回？

613. 错过和朋友的交流，怎么重新建立话题？

614. 前任的习惯还影响着自己，该怎么办？

615. 亲情中家人的期望过高,怎么应对?

616. 和朋友的矛盾升级,怎么解决?

617. 分手后还在等待,是执着还是愚蠢?

618. 因为粗心错过和家人的重要时刻,怎么弥补?

619. 爱情里的争吵总伤感情,怎么避免?

620. 错过和朋友的分享,怎么重新找回默契?

621. 前任的影子还在生活中,如何消除?

622. 对家人总是忽视,怎么去重视起来?

623. 被朋友利用,还能继续做朋友吗?

624. 分手后想要忘记却忘不了,该如何释怀?

625. 因为拖延错过和家人的旅行,怎么补救?

626. 爱情里的承诺总是落空,还能相信爱情吗?

627. 错过和朋友的共同爱好,怎么重新培养?

628. 前任的出现总会扰乱心情,如何淡定面对?

629. 对家人的愧疚,怎么去弥补?

630. 朋友有了新圈子,自己该怎么办?

631. 分手后还期待偶遇,这是什么心理?

632. 因为犹豫错过和家人的谈心,怎么重新开始?

633. 爱情里的信任危机,怎么解决?

634. 错过和朋友的成长经历,怎么融入对方生活?

635. 还在关注前任的社交动态,要戒掉吗?

636. 家人不支持自己,怎么去争取理解?

637. 和朋友的观念差异变大,怎么调和?

638. 分手后还留着聊天记录,是舍不得还是留恋?

639. 因为害怕而错过向家人表达爱，怎么克服？

640. 爱情里的付出不对等，怎么去平衡？

641. 错过和朋友的重要时刻，怎么表达自己的歉意？

642. 前任的新恋情曝光，自己该如何面对？

643. 对家人的埋怨,该怎么转化为理解?

644. 被朋友冷落,要不要主动询问?

645. 分手后想要重新开始,怎么摆脱过去的影子?

646. 朋友圈发不了想说的话,就留在这里吧。

647. 走出来了吗？愿意接受新人了吗？

648. 那就留句话吧，给你放不下的那个人。

649. 所以，思念一个人的时候，对方会感受到吗？

650. 这一刻，你最想听到的一句话是什么？

651．谈谈最近想不通的一件事吧。

652．所以，突然失去喜欢的人，后劲有多大？

653．偷偷给那个不能在一起的人留句话。

654．还想在一起吗？听你说实话。

655．谈谈最近想通的一件事。

656．所以互不联系，就真的能忘记吗？

657．就现在，许下一个愿望。

658．说实话，别撒谎，放下没？

659. 这一刻,你最想听到的消息是什么?

660. 那些说不出口的话,就留在这里吧。

661. 别离开,我早就把你当作不能失去的人了。

662. 你信不信长时间单身可以换来一个很好的伴侣?

663．发呆的时候在想什么呢？

664．你最难忘的人是谁？

665．我们还会见面吗？

666．让你最遗憾的一件是什么？